Minerva
Verlag

„Es gibt IMMER einen Weg."

CRIS BILINSKI

Cris Bilinski

15 Punkte, die das Leben mit Hund erleichtern!

Wie wir es schaffen, dass auch schwierigen Hunden ein Licht aufgeht.

MINERVA VERLAG
MÖNCHENGLADBACH

Der Verlag weist ausdrücklich darauf hin, dass im Text gegebenenfalls enthaltene externe Links vom Verlag nur bis zum Zeitpunkt der Buchveröffentlichung angesehen werden konnten. Auf spätere Veränderungen hat der Verlag keinerlei Einfluss. Eine Haftung ist daher von Verlagsseite ausgeschlossen.

Die Ratschläge unserer Experten werden nach bestem Wissen und Gewissen gegeben. Eine Haftung für Schäden irgendwelcher Art, die sich direkt oder indirekt aus dem Gebrauch oder der Umsetzung der Buchinhalte ergeben, kann jedoch weder von Autoren – noch Verlagsseite übernommen werden. Sollten Sie befürchten, dass Ihr Heimtier ein gesundheitliches Problem hat, suchen Sie bitte umgehend Ihren Tierarzt auf.

Bibliografische Information der Deutschen Nationalbibliothek
Die Deutsche Nationalbibliothek verzeichnet diese Publikation in der Deutschen Nationalbibliografie; detaillierte bibliografische Daten sind im Internet über http://dnb.dnb.de abrufbar.

Monschauer Str. 2 | D- 41068 Mönchengladbach
E-Mail: info@minervaverlag.de | Internet: www.minervaverlag.de, www.minervastore.de

Design, Layout und Illustrationen: Paula Walkenhorst
Umschlaggestaltung: Minerva kreativ, unter Verwendung einer Grafik von Jorm S/Adobe Stock

ISBN 978-3-9815634-9-8
1. Auflage 2022

www.15-punkte.de
www.minervaverlag,.de

Inhalt

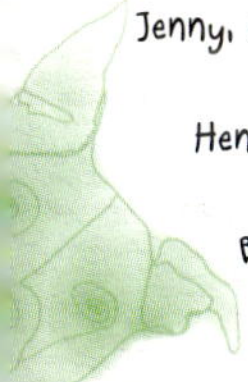

Vorwort

„Sie sind meine letzte Hoffnung. Alles haben wir ausprobiert. Wir waren auf Hundeplätzen, buchten Privattrainer. Aber nichts hat geholfen."

So verlaufen in der Regel die ersten Gespräche, die ich mit Hundehaltern führe. Bei vielen „Problemhunden" fehlt Trainern die Zeit, zu erforschen, was die Ursache sein könnte. Was hinter dem vermeintlichen Fehlverhalten steckt. Und leider mangelt es auch oft an Wissen über geeignete Methoden. Woher bekommt man das? Jeder Hundetrainer hütet sein Wissen wie ein Schatz. Schließlich ist es sein Kapital. Ich aber bin mittlerweile über 70 Jahre alt und blicke auf 45 Jahre Erfahrung im Hundetraining und in der Hundeerziehung zurück. In diesen 45 Jahren habe ich gelernt, wie Hunde zu fühlen, zu denken und zu handeln. Tatsächlich war es nie nötig, Werbung zu machen. Wer von mir hörte, hat mich auch gefunden. Hier erzähle ich Geschichten, echte Geschichten. Mitunter meine schwersten Fälle. Egal, wie simpel sich die folgenden Erzählungen anhören, es lauerten viele Gefahren. Teilweise lebensgefährliche. Ich war also gezwungen, stets umsichtig zu handeln. Eines hat sich dadurch jedes Mal bewiesen: Es gibt IMMER einen Weg! Man muss nur wissen, wie!

Ihre Cris Bilinski

1

Der schüchterne Dylan

wie man von Anfang an Probleme vermeidet

Dylan hatte riesige Angst vor Artgenossen.
Eine solche Panik, dass er lieber ins Gebüsch untertauchte.

I

Der schüchterne Dylan

wie man von Anfang an Probleme vermeidet

Einer der Hundeführer meiner Hundeschule, Kurt, verlor altersbedingt seinen Deutschen Boxer. Im Tierheim traf er nun auf Dylan, einen Wasserpudel. Er sollte es sein. Kurt entschloss sich, ihn zu adoptieren. Man kann sagen, es war Liebe auf den ersten Blick. Doch schnell wurde klar, diese Beziehung sollte nicht ohne Probleme verlaufen. Welche Beziehung tut das schon? Kurt fuhr also mit seinem neuen Schatz im Auto vor, als wir gerade im Straßenverkehr mit den anderen Vierbeinern trainierten. Langsam öffnete er den Kofferraum und führte Dylan aus dem Wagen - man konnte Kurts Aufregung förmlich riechen. Sie stand bereits in der Luft. Kaum sah Dylan die Hundegruppe, geriet er in Panik. Kurt versuchte, ihn zur Runde zu ziehen, aber das kam für den Neuankömmling absolut nicht infrage. Alles, nur das nicht. Lieber schien er sterben zu wollen. Ich, die die Situation von Anfang an beobachtete, bat Kurt, zu warten. Dann holte ich eine 20 Meter lange Leine. An diese sollte er den überforderten Vierbeiner befestigen.
Jetzt hieß es: Beobachten.

Ich wollte mir einen Eindruck über die Gesamtlage verschaffen. Mein Ziel war es, dem Hund selbst die Entscheidung zu lassen, wann er zu uns kommt. Was passierte also? Dylan tauchte unter. Er verschwand sofort im Gebüsch und versteckte sich vor seinem neuen Halter und der Hundegruppe. Kurt stand bei uns, 20 Meter weit weg von Dylan. Die Leine fest gespannt. Dylan äugte zwischen den Blättern mehrmals zu uns, traute sich aber nicht heraus. Ja, das ging die gesamte erste Übungsstunde so. Jetzt war es an der Zeit, Geduld zu beweisen. Die zweite Stunde verlief nicht anders, die dritte auch nicht. Auch wenn es zum Verzweifeln war und wir manchmal am liebsten aufgegeben hätten, blieb ich bei meinem Motto – es gibt trotz alledem immer einen Weg! In der vierten Stunde dann ein Hoffnungsschimmer: Dylan kam endlich voller Neugier auf uns zu.

Anstatt freudig auf ihn zuzugehen und ihn zu belohnen, waren Ansprechen, Anlocken und Anfassen an der langen Leine tabu. Wir taten das Gegenteil. Dylan wurde von allen komplett ignoriert. Um sich an die Gegenwart der anderen Hunde zu gewöhnen, brachte ich ihn in die Mitte der Gruppe. Zaghaft und äußerst vorsichtig nahm er erstmals Kontakt mit den einzelnen Fellnasen auf. Ein weiterer, wichtiger Schritt in die richtige Richtung. Später, auf dem eingezäunten Grundstück, konnten wir ihn ableinen. Drei Mal raten - was jetzt geschah? Das gleiche Spiel ging los. Erst verstecken, beobachten, um dann von Stunde zu Stunde an Mut und Selbstbewusstsein zu gewinnen. Dieser Fall ist gewiss kein Einzelfall! Doch das Problem ist meist, dass die verschüchterten Vierbeiner einfach trotz ihrer Angst und ihres Meideverhaltens in die Gruppe geholt werden. Sie werden in eine für sie unangenehme und bedrohliche Situation gezwungen. Und dass das sicher nicht förderlich für die weitere Entwicklung und die Bindung zum Menschen ist, darauf können wir uns einigen. Also, lasst dem Hund die Entscheidung. Gebt ihm seine Zeit. So einfach ist die Lösung!

Zwingt man den Hund zu einer Kontaktaufnahme, für die er noch nicht bereit ist, entsteht Meideverhalten. Manche Hunde brauchen Zeit und signalisieren das auch deutlich. Wenn wir das ignorieren, verliert unser Hund das Vertrauen in uns. Ganz schlimm? Das sogenannte „Flooding“. Hier wird der Hund ganz vielen extremen Angstreizen ausgesetzt, um ihn „abzuhärten“. Es gibt Hunde, die nach einer solchen Behandlung schreiend in einer Ecke sitzen und niemanden mehr an sich heranlassen.

„Zeit dagegen heilt viele Wunden.“

2

Klein-Peppi, die Klapperschlange

Wie aggressive Hunde lernen, loszulassen

Klein aber oho! Peppi handelte nach dem Motto:
Angriff ist die beste Verteidigung.

2

Klein-Peppi, die Klapperschlange

Wie aggressive Hunde lernen, loszulassen

Eine verzweifelte Halterin besuchte mich, einen kompakten Mischling im Schlepptau. Als die beiden näher kamen, konnte ich noch schnell einen Schritt zurückgehen. Denn der Kleine sauste entschlossen an Frauchen vorbei, auf der Zielgeraden in meine Richtung und versuchte, seine Zähne in mein Bein zu graben. „Okay“, sagte ich, „eine Klapperschlange also!“. Der Frau stand der Schreck ins Gesicht geschrieben. „Kein Problem“, entgegnete ich. „Am nächsten Samstag sehen wir uns wieder. Mit Hund und Maulkorb. Ich kann helfen.“ Den Schreck in ihrem Gesicht wollte ich der Halterin nehmen. Und wie? In einem Fall wie diesem fiel mir der Tellington-TTouch von Linda Tellington-Jones ein. Einfach erklärt: Man kann das Verhalten des Hundes ändern, indem man ihn an speziellen Körperstellen in verschiedenen Stärken berührt. Das hilft ihm, sich zu entspannen und stärkt zusätzlich das Vertrauen zwischen Tier und Mensch. Am kommenden Samstag erschien der kleine Peppi. Peppi, der Name traf es ziemlich gut. Dieser Vierbeiner hatte nämlich ordentlich Feuer. Diesmal kam er mit Maulkorb. Sein Frauchen daneben, schwankte zwischen Hoffnung und Verzweiflung. Ich schickte sie zunächst weit weg, damit sie zuschauen konnte, aber nicht störte. Wer hätte es gedacht? Die „Klapperschlange“ war außer Rand und Band. Er bellte lauthals, kreischte, sprang gegen mich, griff wieder an. Ich schnappte mir den Zappler, setzte ihn auf den Tisch und hielt ihn erstmal fest. Wortlos. Minutenlang. Als Peppi sich beruhigte, begann ich seinen Körper querbeet mit der Hand zu ttouchen. Federleicht berührte ich die Haut, ganz sanft. Diese zuckte jedes Mal. Je länger ich ttouchte, desto mehr entspannte sich der Mischling. Genau auf diesen Effekt hatte ich gewartet und endlich, nach 45 Minuten sackte er auf dem Tisch zusammen. Ich rief sein Frauchen leise zu mir und sagte: „Sie übernehmen Peppi jetzt. Bitte gehen Sie mit ihm raus und heim. Dann ab sofort wortlos ignorieren – auch zuhause. Bloß füttern und Gassigehen und fertig.“ Ich setzte Peppi vorsichtig auf den Boden. Er war wie betrunken, torkelte und hatte die Umgebung vergessen. „Bitte nehmen Sie Peppi auf den Arm und tragen ihn zum Auto“, entschied ich entschlossen. Die Halterin konnte ihren Augen kaum trauen. „Er ist ja wie in Trance.“, sagte sie mit entgeistertem Blick. Am Samstag

darauf begann sein Spiel von vorn. Erst wurde ich angegriffen, verbellt und bedroht. Aber Peppi schien schon wesentlich gelassener. Ich stellte ihn erneut mit Maulkorb auf den Tisch und begann, ihn sanft zu ttouchen. Nach 30 Minuten TTouch rief ich sein Frauchen und kündigte an: „Ich nehme jetzt den Maulkorb ab und setze Peppi auf den Boden. Sie reagieren bitte nicht, Sie tun nichts, Sie beobachten nur.“ Ich nahm das kleine Bündel und setzte ihn ab. Ohne Beißkorb. Er wusste nicht, was er mit seinen Beinen anfangen sollte. Langsam torkelte er zu den anderen Hunden. Sein Frauchen war ganz starr vor Angst. Ich bat die anderen Hundeführer, Peppi auf keinen Fall zu berühren.

Übrigens:

Die Muskeln bei aggressiven Hunden sind angespannt und hart. Jede Bewegung ist eingeschränkt und auch ihr Verhalten ist total blockiert. Durch die Tellington-TTouch-Methode beginnt der Hund (und auch jedes andere Lebewesen), in sich hineinzuhorchen. Das Bewusstsein verändert sich. Und genau das macht einen großen Unterschied! So war es auch bei Peppi. Nach ein paar Wochenenden konnte ich ihn ohne Maulkorb auf den Arm nehmen. Frauchen lernte, dass der Kleine Grenzen brauchte und nahm fortan regelmäßig am Unterricht teil.

Mach dich locker! Gefühle hinterlassen Spuren im Hundekörper. Ein aggressiver Hund ist häufig verspannt. Bevor er lernen kann, muss er erst einmal körperlich entspannt werden. Ändert sich der Körper und lässt er Verspannungen los, so geschieht oft ein kleines Wunder. Der Hund kommt aus sich heraus. Erst dann ist er bereit, Grenzen anzuerkennen.

**„Wie auch bei uns Menschen,
zeigt uns der Körper den Weg."**

Exkurs: der Wolkenleopard

für mehr Vertrauen und Wohlbefinden

Um mit einem Hund arbeiten zu können, muss er zuvor in einen Zustand der Entspannung gelangen. Hunde, die unter Stress stehen und Probleme haben, erkennt man auch daran, dass sie körperlich hart und verspannt sind. Dieser „Körperpanzer“ blockiert ihr Denk- und Aufnahmevermögen. Deshalb können solche Hunde so nicht lernen. Dazu nutzen wir eine spezielle Berührung, die von Linda Tellington-Jones entwickelt wurde. Sie nennt sie den Wolkenleopard-TTouch.

Wir bauen die Brücke zu seinem Herzen

Der Hund entspannt, lässt los und findet Vertrauen zum ausführenden Menschen. Zunehmend beginnt er, sich für eine Zusammenarbeit mit dem Menschen zu öffnen und fängt an, zu kommunizieren. Erst jetzt ist Training möglich. Außerdem steigert man auf diese Weise sein Wohlbefinden, weil schmerzhafte Verspannungen gelockert werden. Der Hund wird befreit. Besonders große Erfolge wurden bei nervösen und ängstlichen Hunden erzielt. Aber im Grunde genommen profitiert jeder Hund von dieser heilenden Berührung. Sie stärkt die Bindung zum Menschen und baut die Brücke zu seinem Herzen.

Und so geht's:

Wir wölben die Hand leicht zu einer Schale und legen sie ganz sanft auf das Fell. So, dass die Fingerkuppen nah beieinander auf dem Fell aufliegen. Nun bewegen wir die Hand und ziehen einen 1-1/4 Kreis. Wir machen nichts weiter, als diese leichten kreisenden Bewegungen auszuführen. Auch der Daumen liegt auf, unser Handgelenk ist locker. In der Zwischenzeit befindet sich unsere andere Hand achtsam auf dem Hundekörper und hält dort die ganze Zeit den Kontakt. Wir sollten in einer entspannten Stimmung sein, das Ganze soll entspannend und lockernd wirken.

Von Kopf bis Rücken

Mit den Ganzkörper Wolkenleopard-TTouches stimulieren wir den ganzen Körper des Vierbeiners. So entwickeln manche ein Bewusstsein für ihren Körper. Besonders großen Vierbeinern fehlt oft das Bewusstsein für die Hintergliedmaße. Wir beginnen in der Mitte des Kopfes und gehen nach und nach in einer geraden Linie über den ganzen Rücken bis zur Rute. Anschließend ttouchen wir den Hals, die Schultern und die Flanke bis zum Ende des Rückens. In geraden Linien und möglichst parallel zueinander ttouchen wir den gesamten Hundekörper.

Wie lange?

Jede Kreisbewegung sollte 2 Sekunden dauern. Sehr nervöse Hunde „holt man ab", indem der Kreis erst schneller gemacht wird und dann allmählich immer langsamer ausgeführt wird. Ansonsten schafft man es nicht, ihre Aufmerksamkeit zu erlangen. Der Druck ist immer auf den Hund abzustimmen. Zunächst beginnt man sanft, auf keinen Fall zu stark. Langsamere Kreise von 3 bis 4 Sekunden bringen tiefe Entspannung. Wichtig bei der gesamten TTouch-Arbeit sind kleinere Pausen. In diesen kann der Hund verarbeiten und nachfühlen.

Für ängstliche Hunde:

TTouches an den Läufen lassen ängstliche Hunde sicherer werden. Sie bauen eine neue Verbindung zu ihrem Untergrund auf. Wir beginnen an den Oberschenkeln und ttouchen sanft in gleichmäßigen Abständen hinunter bis zur Pfote. Der Hund kann dabei stehen oder liegen.

Für mehr Trittsicherheit und Erdung

Um den Hund „zu erden" und ihn trittsicher zu machen, führen wir die Wolkenleopard-TTouches an den Pfoten durch, ausgeführt mit mittlerem Druck.

Er will aber nicht!

Anfänglich ist es nicht unüblich, dass vor allem nervöse und junge Hunde unruhig sind und sich entziehen wollen. Geduld sorgt für den Erfolg. Lässt die Unruhe nicht nach, überprüfen Sie bitte, ob Sie einen der folgenden Fehler machen:

- Der Druck ist zu stark oder zu schwach
- Die Geschwindigkeit ist zu schnell oder zu langsam
- Sie machen viele TTouches an einer Stelle
- Ihre Finger sind nicht locker, sondern steif

3

Ronja zieht an der Leine

wie man Herdenschutzhunde ausbildet

Ronja hatte keine Lust darauf, zu trainieren.
Also machte sie einfach alles, wonach ihr gerade der Sinn stand.

3

Ronja zieht an der Leine

wie man Herdenschutzhunde ausbildet

Eines vorab: Wer einen Herdenschutzhund trainieren will, muss sich bewusst sein, dass diese nicht wie normale Vierbeiner erzogen werden können. Sie müssen konsequent geführt werden. Und das will gelernt sein. Wir sind alle unterschiedlich und nicht jedem Herrchen oder Frauchen fällt es leicht, sich durchzusetzen. „Der Hund soll ja Freund sein." Die Basis für eine gute Freundschaft zwischen Hund und Halter kann nur geschaffen werden, wenn der Vierbeiner weiß, wo seine Grenzen sind. So kam eines Tages eine Besitzerin mit ihrer Ronja zu mir. Sie wollte ihre Hundedame gut erzogen haben. Aber Ronja wollte einfach nicht mitmachen. Es gefiel ihr, herumzurennen und wie wild an der Leine

zu ziehen. Ließ man sie los, rannte sie weg. Frauchen hinterher. Immer und immer wieder. Bei mir angekommen, stellte Ronja sich auch – nur so versuchsweise – gegen mich. Dazu sei gesagt, dass sie ja erst ungefähr ein Jahr alt war. Mehrmals ermahnte ich, anders zu reagieren. Aber der eigentliche Wendepunkt kam ganz zufällig. An diesem alles verändernden Tag stand Herrchen am Eingang. Ronja riss sich los und rannte zu ihm. Frauchen – wie immer – wütend hinterher. Doch ich stoppte sie. Ich ging zu Ronja, die am Eingang wartete und bedrängte sie mit meinem Körper. Ich sagte kein Wort. Der Vierbeiner wurde plötzlich steif und schaute mich direkt an. Und diese Sekunde war entscheidend. Hätte ich mich zurückbewegt, hätte ich verloren. Doch ich machte mich groß und ging weiter auf sie zu. So drängte ich sie vom Eingang weg, ohne sie auch nur zu berühren. Es klappte tatsächlich!

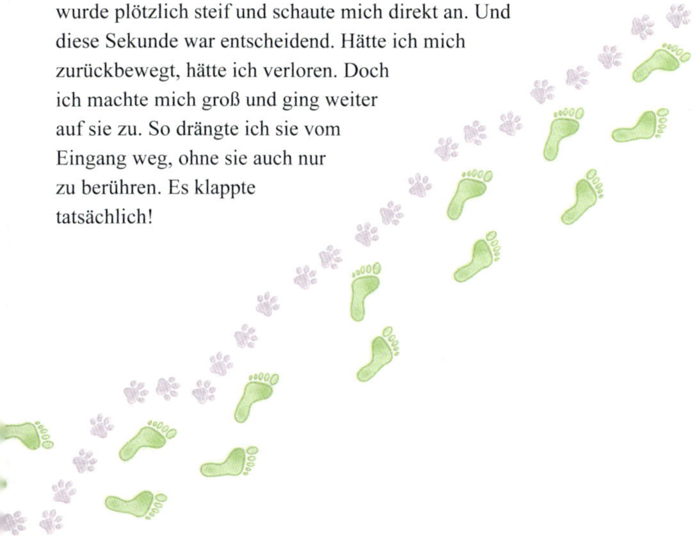

Ronja wich langsam zurück und trottete in Richtung Frauchen. Nur auf diese Art und Weise konnten sich ihre Menschen bei Ronja durchsetzen. Wortlos, aber körperlich bestimmt. Alleine durch die Haltung. Und so geschah es ... Von diesem Tag an, arbeitete Ronja mit. Nie, ohne mich vorher freudig zu begrüßen. Ihr Frauchen brauchte ihre Zeit, um das Gelernte umzusetzen und sich körperlich sanft durchzusetzen. Und siehe da, Ronja wurde ein klasse Hund!

Wir alle kennen den Gorilla, der sich groß aufbaut und mit beiden Händen auf seine Brust trommelt. Beeindruckend und einschüchternd – und so ist es auch gedacht. Tatsache ist: Mit der richtigen Körperhaltung beeindruckt man nicht nur den Hund, sondern auch sich selbst.
Wer traurig ist? Sackt in sich zusammen.

„Wer sich aber Raum nimmt, lässt das Gefühl von Stärke in sich wachsen. Wir müssen nicht mit den Händen auf der Brust trommeln. Aber wir sollten wissen, dass der Hund unsere Körperhaltung beobachtet und diese der Schlüssel zur Führungskraft sein kann. Bereits legendäre Samurais wussten, dass die Haltung entscheidend ist und trainiert werden muss. Zahlreiche Übungen aus dem Yoga und dem Tai Chi dienen dem Zweck, den Körper über einen längeren Zeitraum in einer Art „Komm her, wenn du dich traust"-Haltung zu stabilisieren."

4

Milow ist versteinert

wie Freunde zurück ins Leben helfen

Milow wuchs angekettet in einer Küche auf.
Endlich befreit, war er wie gelähmt.

4
Milow ist versteinert
wie Freunde zurück ins Leben helfen

Der nächste Fall ist wirklich herzzerreißend. „Er läuft nicht“, lautete der Hilferuf von einer Bekannten einer Hundeführerin. Bei mir angekommen, trug diese einen kleinen schwarzen Hund auf dem Arm. Ein Pekingese. Milow war sein Name. Wir gingen gemeinsam zur Gruppe und setzten Milow mitten hinein. Tatsächlich – er saß einfach da. In der ersten, der zweiten und auch in der dritten Woche. Er blieb einfach dort sitzen, wo wir ihn ablegten. Fast wie versteinert. Bei Gesprächen mit seinem Frauchen erfuhr ich, dass Milow zuvor zusammen mit seiner Mutter bei einer Frau in der Küche festgebunden war. Dort musste er sich auch lösen. Der kleine Hund lernte nie die Welt kennen. Gassigehen war ihm völlig fremd. Milow war im wahrsten Sinne des Wortes nicht zu bewegen. Dieser Zusammenhang war für Frauchen schwer zu ertragen.

Schlimmer war es allerdings eindeutig für ihren Vierbeiner. Wir trugen ihn rein, er saß die Stunde ab, dann trugen wir ihn wieder raus. Was sollten wir nun tun, um diesem Wesen Antrieb zu schenken? Die Lösung war eine neue Hündin. Ebenfalls ein Pekingese, allerdings im Gegensatz zu Milow, mit einem großen Selbstbewusstsein. Sie strahlte Ruhe und Sicherheit aus. Ich konnte mir vorstellen, dass Milow eine Art Vorbild brauchte. Der Neuankömmling gesellte sich bald in das Spiel der anderen ein. Die unbewegbare Fellnase hatte die Neue sofort gesichtet. Und zu aller Erstaunen begann er nun, die ersten Schritte unbeholfen durchs Gras zu gehen. Wie ein Kleinkind, welches zu laufen lernt. Er kannte es einfach nicht. Schon bald vergaß klein Milow seine Angst und trippelte der neuen Hundedame nach. Für uns alle war es wie ein Wunder. Jede Woche wurde er mutiger und schloss sich dem Spiel der Gruppe an. Von nun an konnte er am Unterricht teilnehmen. Und nicht nur das – zu seinem großen Glück zog seine flauschige Freundin kurze Zeit später bei Milow ein.

Es gibt Hunde, die vor Angst wie erstarrt sind. Gefesselt in einem Gefängnis erlernter Hilflosigkeit. Diese Wände sind für uns Menschen schwer zu durchbrechen. Andere Hunde hingegen tauchen oft gut durch diesen Panzer hindurch und schaffen es, eine Bindung herzustellen. Für ängstliche Hunde mit wenig Umwelterfahrungen sind Hundefreundschaften sehr wichtig.

„Im Team überwinden sie ihre Ängste leichter und holen die Erfahrungen nach, die sie bisher nicht machen durften."

Hätten Sie`s gewusst? Spazierengehen hilft gegen Angst

Der finnische Professor Hannes Lohi interviewte die Halter von 3.264 Hunden, um herauszufinden, ob sich Furcht beim Hund lindern kann. Hunde, die ängstlich sind, reagieren auch auf plötzliche und unbekannte Geräusche schnell mit einem unberechenbaren Verhalten, was den Halter sehr belasten kann. Es zeigte sich, dass tägliche lange Spaziergänge ein gutes Gegenmittel gegen Geräuschangst sind. Am besten im Freilauf, denn die Hunde, die ohne Leine laufen durften, hatten weniger Furcht vor unbekannten Geräuschen als die Hunde, die angeleint liefen. Möglicherweise fühlen sie sich dadurch „selbstwirksamer" und entwickeln dadurch ein größeres Selbstvertrauen.

Ebenfalls zeigte sich, dass ältere Hunde über 10 Jahren plötzlich geräuschempfindlich werden können. Das liegt aber daran, dass Hunde mit 10 Jahren oft körperliche Beschwerden und Schmerzen haben. Zucken sie bei einem Geräusch plötzlich zusammen, meldet sich der Körper mit einem Schmerzreiz und der Hund verbindet das ungewohnte Geräusch mit einem Schmerz. Deshalb sollte man einen älteren Hund, der plötzlich Geräuschangst hat, immer von einem Tierarzt oder einem Hundephysiotherapeuten untersuchen lassen. Sehr wahrscheinlich wird dieser eine Schmerzgeschichte finden.

5

Jüly, die Gequälte

wie ein Hund lernt, zu vertrauen

Jüly kam als winziges und verfilztes Knäuel aus dem Tierschutz.
Sie musste dringend geschoren werden, biss aber alle weg.

5

Jüly, die Gequälte

wie ein Hund lernt, zu vertrauen

Nicht selten sind Fälle wie dieser. Meine Freundin Beate ließ sich vom Tierschutz einen kleinen Mischling bringen. In der Hoffnung, etwas Gutes zu tun und einem winzigen haarigen Knäuel eine Chance auf ein neues Leben zu geben. Kurz darauf rief sie mich verzweifelt an. „Sie beißt, rennt weg, hat einfach nur Angst!“ Ich sagte: „Lass sie bitte in Ruhe. Sie muss erstmal ankommen. Stell dir vor, sie kennt nichts und vor allem kennt sie dich nicht. Es reicht, wenn du ihr Futter und Wasser hinstellst und dich nicht weiter kümmerst.“ Nachts kam eine Nachricht von ihr: „Jüli sitzt neben mir!“

Meine Freundin wollte mit dem Fellknäuel zu mir zum Unterricht. Ich verordnete ein paar Tage pure Ruhe. Dann rief sie mich an. Unglaublich, was sie mittlerweile über das kleine Fellknäuel erfahren hatte. Jüli war ein Straßenhund. Ihrem Aussehen nach zu urteilen eine Mischung aus Pekingese und Collie. Vom Ausland nach Deutschland – das alleine bedeutet für einen Hund schon eine Menge Stress. Auf der Pflegestelle angekommen musste sie erst einmal geschoren werden. Denn ihr Fell war wie ein Panzer. Alles war verfilzt. Der Schwanz so lang und schwer, dass er am Boden nachschleifte. Und dann das große Trauma. Eine Tierärztin band dem verängstigten Hund die Schnauze zu und hat ihn zwangsgeschoren. Ich konnte es nicht glauben. Hätten die nicht eine Narkose machen können? Völlig verständlich, dass sich der unschuldige Vierbeiner so verhielt. Jüli ließ sich einfach nicht mehr anfassen.

Solche Hunde gebe ich in der Regel in die Hundegruppe. Die integrieren – egal, wie die Neuen drauf sind. Sie fordern auf, oder ignorieren. So können sich die Neuen selbst finden. Auch während des Unterrichts dürfen sich diese Hunde frei bewegen. Nach einigen Übungsstunden wurde Jüli ruhiger. So langsam lernte sie, mitzuarbeiten. Trotzdem durfte sie weiterhin niemand berühren. Ich schlug meiner Freundin vor, Jüli ein paar Tage zu mir und meinen Fellnasen zu nehmen. Es war nämlich soweit: Der Hundefriseur stand an. Ich ließ ihn zu mir kommen. Beate musste sich im Hintergrund zurückhalten. Ich übernahm und hielt Jüli

vorsichtig fest. Der erste Schnitt? Na ja. Aber sie bemerkte, dass ihr nichts passierte und sie nichts zu befürchten hatte. Dass ich bestimme, ohne großen Druck. Dreimal pro Jahr vollzugen wir diese Prozedur. Wichtig war, dass die Haare an der Rute gekürzt wurden, weil sie durch die vielen langen Haare nicht mehr zu halten war. Von Mal zu Mal wurde der Schnitt dann besser. Das Problem war aber, dass sie außer mir immer noch keinem vertraute. Anfassen war absolut verboten.
Wie habe ich also Vertrauen aufgebaut? Ein Beispiel: Beim auf den Tisch heben ist darauf zu achten, dass man den Hund nicht einfach nimmt und

raufhebt, sondern es ihm überlässt. Heißt: Ich stelle die Vorderbeine auf den Tisch, so versucht der Vierbeiner, sich hochzuziehen. Er klettert sozusagen selbst hoch. Das löst bei sehr ängstlichen Hunden ein neues Bewusstsein aus, nicht ausgeliefert zu sein. Jüli wurde von Woche zu Woche zugänglicher, weil die Tischübung auch beim Unterricht mit vielen Anderen geübt wurde. Wir gewöhnten sie langsam ans Kämmen, oder ans Berühren am ganzen Körper. Die Gewohnheit führte dazu, dass es uns möglich war, Jülis Fell grundsätzlich kurz zu halten. Dadurch, dass sie nicht mehr verfilzte und somit keine Schmerzen auftraten, war der Stress geringer. Angriffe erfolgten kaum noch, Bisse bei mir nur noch abschnappen, keine Verletzungen. Und ja, es braucht Zeit – und davon sehr viel. Zudem Einfühlungsvermögen und Ruhe. Sonst gelingt kein Erfolg. Und Jüli? Heute ist sie ein sehr ruhiger Hund. Zu dem ist sie aber nur geworden, weil wir am Ball geblieben sind – das hat fast ein ¾ Jahr gebraucht. Die Hoffnung nicht aufzugeben, auch wenn es unmöglich scheint, das ist Geduld.

Mehr Selbstvertrauen in die eigenen Fähigkeiten: Hunde werden mutiger, wenn man ihnen die Möglichkeit gibt, etwas allein bestimmen zu dürfen. Hier ist es entscheidend, dass der Hund nicht einfach auf einen Tisch gestellt wird. Er entscheidet sich selbst dazu, auf den Tisch zu steigen.

„Er erfährt auf diese Weise ein neues Gefühl: Selbstbewusstsein."

6

Der weiße Riese

es gibt keine zweite Chance

Ein Kuvasz ist ein imposanter Hund.
Wie man ihm Grenzen aufzeigt.

6
Der weiße Riese
es gibt keine zweite Chance

Das Telefon klingelt. Eine Frau weint: „Die nehmen mir meine Hunde weg! Sie sind meine letzte Hoffnung!“ Ich habe richtig gehört, es gab eine polizeiliche Anweisung zum Einzug des Hundes ins Tierheim. Was tue ich in so einem Fall? Zunächst Ruhe bewahren. Ich bat die Dame zunächst, mit Hund und Maulkorb zum Hundeplatz zu kommen. Einige Informationen hatte ich bereits von ihr erhalten. Und es würde ganz klar eine Herausforderung werden. Ein Herdenschutzhund. Ich bat meine Schüler, noch zu warten, denn ich wollte den Hund alleine auf dem Gelände kennenlernen. Gesagt, getan! Eine zierliche Frau kam mit einem großen, weißen Hund, einem Kuvasz. Viel eher kam der Hund, Frauchen rannte ihm nach. Ich bat, reinzukommen und die Leine loszulassen. Ohne den Hund zu kennen, war ich bereit, ihm entgegenzutreten. Welche Reaktion er zeigen würde? Ich ahnte nichts. Ich weiß heute noch nicht, woher ich die Kraft für mein Handeln nahm. Er ging also zielstrebig auf mich zu, rempelte mich an. Ich packte ihn und legte ihn auf den Rücken.

Da wusste ich sofort – noch nie hatte man ihm Grenzen aufgezeigt! Er lag verdutzt kurz da, stand auf und wich mir zunächst aus. Daraufhin band ich ihn an einer 5 m - Leine fest. Ich bat meine Schüler rein, ohne die Besitzerin. Die Leine kürzte ich auf 2 m zurück. Ich störte mich nicht weiter an ihm und begann den Unterricht. Erst ließ ich ihn in großer Entfernung den Unterricht laufen. Nach einer knappen Stunde kam der Hund wieder zurück zu seinem Frauchen. Ich bat sie, von nun an jedes Wochenende zu kommen. Unter einer Bedingung: Solange er sich unruhig verhielt, musste sie draußen bleiben, auf Sicht. Die nächsten Wochen verliefen wie folgt: Ich bewegte mich immer näher mit meinen Schülern in Richtung Kuvasz. Ich provozierte, aber ignorierte ihn. Er war an langer Leine am Zaun. Ich hielt ihn ständig im Auge. Wochen verstrichen. Zwischenzeitlich hatte ich die Besitzerin dazu gestellt, die aber nicht mit ihm reden oder ihn anfassen durfte. Als der Kuvasz entspannter und bereit geworden war, am Unterricht teilzunehmen, holte ich einen Mann mit zweiter Leine ran. Ich bat, sich um unsere Gruppe zu bewegen. Die Besitzerin am Hund, den zweiten Trainer dahinter. Und so geschah es: Nach einigen Übungsstunden war der Bann gebrochen. Der Kuvasz nahm am Unterricht teil. Und jetzt die Krönung - er wurde mit der Gruppe in den Freilauf gelassen, um sich auszutoben. Mein eigener Beardedwelpe und einige andere waren mit dabei. Er lag entspannt am Boden, die Welpen um ihn herum.

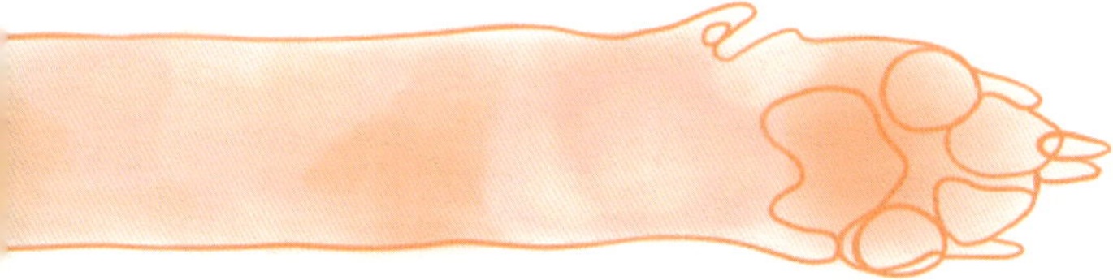

Rückblick:

Die Frau kaufte ihrem Mann, der im Rollstuhl saß, einen Gefährten. Einen Herdenschutzhund. Mit zunehmendem Alter wurden die Besuche immer weniger. Spaziergänge liefen darauf hinaus, dass andere Hunde gestellt und Leute angegriffen wurden. 60 Kilo waren kaum noch zu halten. Er wurde der Schrecken der Umgebung und die Anzeigen häuften sich. Irgendwann dann Polizei. Die Haltung wurde in Frage gestellt, und es drohte das Tierheim. Aus diesen Gründen stand die Dame bei mir auf dem Platz, mit Behördenrücksprache. Ich rate jedem, niemals so etwas zu versuchen und zu riskieren, wenn er sich nicht im Klaren ist, was er tut. Nie darf man zögern. Denn es gibt bei Herdenschutzhunden keine zweite Chance. Nie darf man am Ergebnis zweifeln – oder der Finger ist weg.

Es ist nie zu spät für eine glückliche Welpenzeit. Auch im Erwachsenenalter können Hunde noch Sozialverhalten lernen. Selbst dann, wenn sie bereits auffällig geworden sind.

„Es braucht jedoch Zeit und Geduld, damit sie lernen, sich in Gegenwart anderer Hunde entspannt zu verhalten."

7

Die schöne Bona

ein Model mit Zitterattacken

Bona ist eine Deutsche Dogge. Ein Zuchtrichter schlug sie im Ausstellungsring.
Seitdem zitterte sie dort.
Wie wir diesen Bann brechen konnten.

7

Die schöne Bona

ein Model mit Zitterattacken

Einer meiner Hundeführer züchtete Doggen. Eines Tages kam er, völlig aufgelöst und gleichzeitig verärgert, zu mir. Er war mit einem seiner Junghunde, mit der er später weiter züchten wollte, auf Ausstellungen. Auf der Ersten. Doch die letzten Zwei musste er abbrechen. Ich musste innehalten bei dem, was er mir anschließend erzählte. Ein Richter habe beim ersten Mal mit der Hand ausgeholt und der Dogge gegen die Schnauze geschlagen. Die nächsten zwei Ausstellungen hätte Bona dann mit eingezogenem Schwanz und zitternd im Ring gestanden. Sie weigerte sich zu laufen. Sie wollte nur noch raus aus dem Ring. Natürlich tat sie das! Als sie schließlich bei mir war, wich sie allen Menschen aus. Ich bat die restlichen Hundeführer, ihre Hunde am Rand entlang anzubinden. Nun stellte ich Herrchen und Bona in die Mitte. Meine Hundler ließ ich weiter entfernt kreuz und quer an Bona vorbeigehen. In den darauffolgenden Übungsstunden habe ich die Hundeführer einzeln vorbei geschickt, um

Bona dann leicht zufällig mit dem Handrücken zu berühren. Immer öfter und an verschiedenen Stellen des Körpers. Bona durfte danach Leckerchen von der Hand nehmen. Nach und nach begannen wir ihren Kopf zu berühren. Und ich wusste, bald würde sie es zulassen.
Die nächsten Ausstellungen machte sie erst nach 4-5 Monaten mit. Inzwischen war Bona so selbstsicher geworden, dass sie die Hundegruppe aufmischte. Aber das war völlig okay für ihr Herrchen. Die schöne Bona rockte von da an die Ausstellungen mit großem Erfolg.

Fremde Menschen haben generell nichts am Hund zu suchen. Gerade niedliche Hunde werden oft von wohlmeinenden Streichlern ungefragt während des Spaziergangs angefasst. In einem solchen Fall ist beherztes Dazwischenschreiten die richtige Antwort. Wir betatschen ja auch keine fremden Menschen. Einfach so, auf der Straße, an irgendwelchen Körperteilen.

„Und selbst einem Ausstellungsrichter sollte man nicht blind vertrauen, sondern stets bei seinem Vierbeiner sein.“

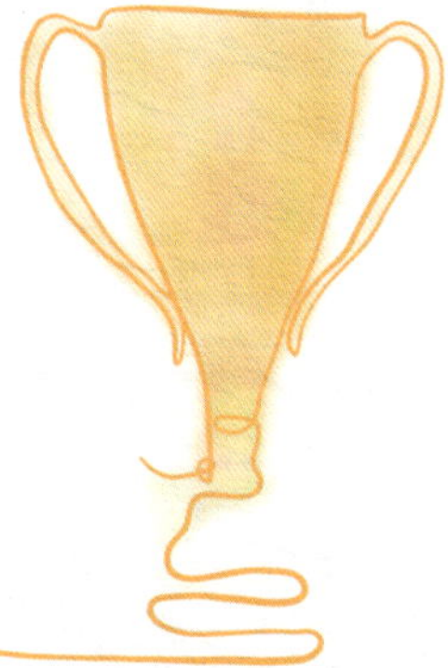

Hätten Sie`s gewusst: Warum Rüden hyperaktiver sind als Hündinnen

„In dem Datensatz von fast 14.000 Hunden, den wir zusammengestellt haben, einem der größten der Welt, trat bei 73 Prozent der Tiere unerwünschtes Verhalten auf", sagt Prof. Hannes Lohi. Am häufigsten trat Folgendes auf:

1. Geräuschempfindlichkeit (32% aller Hunde)

2. Angst vor Artgenossen (17%)

3. Angst vor fremden Menschen (15%)

4. Angst vor unbekannten Situationen (11%)

Hyperaktivität und Impulsivität finden sich hauptsächlich bei Rüden, sagt Prof. Lohi. Grundsätzlich haben spezielle Rassen auch spezielle Probleme. „Zum Beispiel beobachteten wir bei Border Collies ein verstärkt besessenes Starren und Jagen von Licht oder Schatten – Verhaltensweisen, die bei allen anderen Rassen seltener auftraten", sagt er. Der schüchternste Hund mit der größten Angst vor fremden Menschen war der Spanische Wasserhund. Er war 18 mal ängstlicher als der „mutigste" Hund, der Staffordshire Bullterrier.

Überraschend viele Verhaltensprobleme fand er übrigens bei Mischlingshunden, obwohl diese ja als robust gelten.

8

York, der Panther

wie ein Hund Grenzen kennenlernt

York ist ein Riesenschnauzer.
Er wurde von seinen Menschen nach Strich und Faden verwöhnt.
Sie meinten es gut.

8

York, der Panther

wie ein Hund Grenzen kennenlernt

Es war Winter. Eine Hundeführerin erzählte uns: „Meine Nachbarin hat, glaube ich, einen Panther gekauft.“ Diese hatte nämlich den Zaun erhöht. Man sah ab und an etwas Schwarzes laufen. Ein Hund kann es nicht sein, es gibt draußen keine Spuren im Schnee. In den Wochen darauf hatte sie das Tier immer noch nicht gesehen. Ich sagte: „Dann klingel doch und frage, was für ein tolles Tier da eingezogen ist.“ Tja, gesagt, getan.
Das Wochenende kam und somit auch die Antwort.
Es war ein Riesenschnauzer.
Doch die Besitzer schienen nicht mit ihm

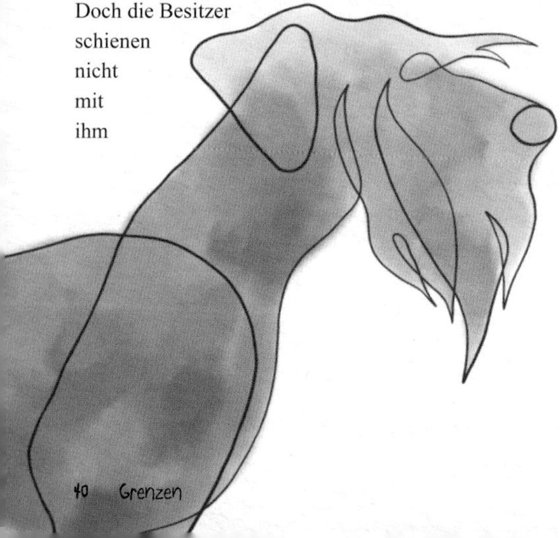

zurechtzukommen. Der Panther war also ein Riesenschnauzer. Ich schlug meiner Hundeführerin vor, sie mitzubringen. Als Herrchen und Frauchen kamen, galoppierte ein großer Vierbeiner voraus. Da es bei mir üblich ist, dass alle Hunde da sind, wo auch die Besitzer sind, saßen wir nach dem Unterricht auf dem Balkon. Hunde natürlich im Schlepptau. Ja, es ging ein breites Grinsen durch die Reihe. Ich aber konnte nicht anders, als laut loszulachen. Ich fragte „Darf er das?" York – unser Panther also, saß auf Frauchens Schoß. Sie schaffte es scheinbar nicht, den Hund auf den Boden zu bekommen. Ich hakte nach: „Sollen wir das ändern?" - „Ja, ich kann es ihm einfach nicht abgewöhnen." Also gut. Ich stand auf, nahm die Leine und zog York einen Schritt weg. Ich band die Leine am Geländer fest. York stand zwar bei Frauchen, aber belästigen war nicht mehr möglich. Er winselte, wand sich und war stinksauer. „Nicht beachten, nicht anschauen, anfassen, ansprechen." In der Tat dauerte es einige Zeit, bis er sich endlich ablegte. Hausaufgabe: Daheim anbinden und das gleiche Spiel wie hier. Wie erwartet, wurden die Gesichter ganz schön lang. „Aber, aber" – Nein, kein aber. Sofa tabu, auf Schoß klettern tabu. Und das täglich. Ein Riesenschnauzer braucht Grenzen. Er ist nicht nur groß, sondern hat mit einem Jahr auch eine gewaltige Kraft. Außerdem ist er sehr stur. Zum Spazieren gingen wir in den Wildpark - es gab viel zu tun. Umkehr-Arbeit. Mit einer 20 m Schleppleine bewegte ich mich vorwärts, erst 2-3 m. York ging vor, an mir vorbei und ich drehte mich wortlos um und ging in die andere Richtung. Da bekam er vielleicht einen Ruck. Mit vielen Wiederholungen und immer mehr Leine begann York, auf mich zu achten. Es dauerte einige Wochen bei Frauchen, denn es ist immer schwer, sein Herz hinter die Vernunft und Erziehung zu stellen. Yorks Erfolg wurde mit so wenig - aber stetigem Ablauf nach einigen Wochen belohnt. Seinen Dickkopf hat er trotz alledem behalten. Belohnungen gab es, wenn York uns beachtete.

Wir Menschen meinen es doch nur gut. Und schnell wird aus falsch verstandener Liebe Ausnahme über Ausnahme gemacht. Das tut dem Hund jedoch nicht gut, es verwirrt ihn.

„Eindeutigkeit hingegen verschafft ihm Seelenruhe.“

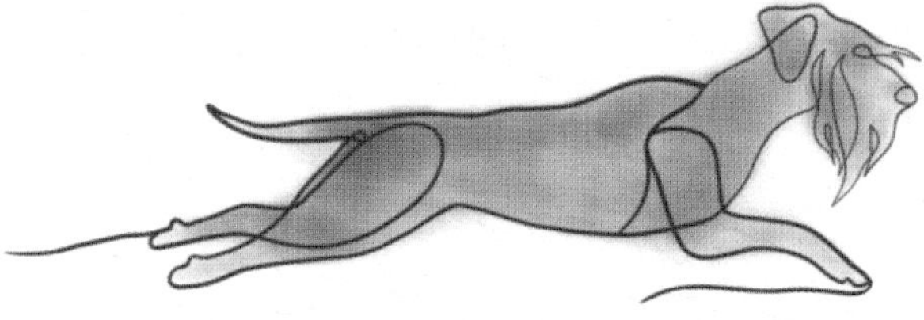

9

Der Red-Zone-Schäferhund

ein Hund im roten Bereich. Er hat getötet.

Bei diesem Hund wäre es beinahe zu spät gewesen.
Seine Geschichte zeigt, dass immer der Mensch die Schuld trägt, wenn ein Hund zum Angreifer wird. Und wie wir es wieder korrigieren können.

9

Der Red-Zone-Schäferhund

ein Hund im roten Bereich. Er hat getötet.

Kurze Vorgeschichte: Ein Mann holte sich einen Deutschen Schäferhund. Dieser war erst 6 Wochen alt. Er setzte ihn zuhause zu seinem alten Hund. Da wurde er bedrängt und gemobbt. Im Zwinger gab es für den Kleinen kein Entkommen. Mit seinen 6 Monaten war er so aggressiv geworden, dass er seinen Besitzer biss. Und das Ganze aus Angst. Wie so häufig in solchen Fällen,wurde der Hund zu seinem Züchter zurückgebracht. Schon bald wurde ein liebevolles Zuhause gefunden. Ohne das Wissen um die Vorgeschichte – dies sei betont, ging es auf Spaziergänge. Eines Tages wurde bei einem dieser Spaziergänge der gerade 8 Monate alte Hund abgeleint. Plötzlich bog eine Frau mit einem kleinen schwarzen Hund um die Ecke. Der Deutsche Schäferhund rannte los, griff den Kleinen an, verbiss sich in ihn und tötete ihn. Resultat: Er sollte eingeschläfert werden. Der neue Besitzer erfuhr erst zu diesem Zeitpunkt von dem Vorleben seines Hundes. Voller Entsetzen und Schrecken war er sich trotzdem eines bewusst: Er wollte ihn nicht aufgeben, er wollte ihm helfen. Durch Gespräche mit anderen Hundeführern gelang er glücklicherweise an mich ... Das Kennenlernen mit diesem Hund vergesse ich niemals. Ich kam gerade vom Welpenplatz, im Schlepptau 7 Welpen. Ich schloss ab. Da kam der Mann und bat mich, mir seinen Hund vorstellen zu dürfen. „Okay“ sagte ich – nichtsahnend. Er machte das Auto auf und holte diesen großen Deutschen Schäferhund raus. Der Hund sah die Welpen und startete durch. Er warf sich mit einer solchen Wucht

nach vorne, dass die Leine riss. Der Besitzer vollführte einen Hechtsprung und erwischte seinen Hund im letzten Augenblick am Rücken. Fast wäre es zu spät gewesen. Wir waren alle starr vor Schreck. Ich schickte die Hundeführer mit ihren Welpen so schnell wie möglich weg und hörte dann den Besitzer stammeln: „...der tötet andere Hunde!“ Bitte was? Konnte der das nicht früher sagen? Unglaublich! Ich glaube, ich war völlig farblos im Gesicht. Der Hund wurde wieder ins Auto gebracht und ich habe mich mit allen Hundeführern zusammengesetzt und alles besprochen. Zu der Zeit stand ich kurz vor einer Wirbelsäulen OP. Ich besorgte mir aufgrund dessen einen Aufschub zur Umerziehung des Hundes von den Behörden. Diesen erhielt ich auch. Drei Monate später ging es los. Als Erstes wollte ich sehen, wie er sich im freien Lauf angesichts anderer Hunde verhielt. Heißt: Besitzer und Hund an Schleppleine auf den Platz, wir vor dem Platz. Ähnlich wie bei unserer ersten Begegnung rastete der Schäferhund total aus. Es schien ihm egal zu sein, ob Rüde oder Hündin, ob Welpe oder erwachsener Hund. Ich führte diverse Vierbeiner vor. Für ihn war Hund gleich Hund - gleich Feind. Also im roten Bereich. Was nun? Ich konnte nur über ein besonderes Programm zu seiner Seele durchdringen.
Den Tellington TTouch.

Schritt eins: Ich befestigte zwei Schleppleinen an sein Halsband. Danach wurden zwei kräftige Männer rechts und links an die Seite gestellt, diese hielten die Leinen auf Spannung - sodass der Hund in der Mitte gehalten wurde. Der Besitzer ging vom Platz und wir bewegten uns rauf und runter, bis er sich verwirrt ablegte. Und das Woche für Woche. Als er langsam ruhiger wurde, ließ ich außen am Platz die ersten „Feinde“ patrouillieren. Als er das akzeptierte, wurden es von Woche zu Woche mehr Hunde.

Im zweiten Schritt begannen wir, nicht mehr parallel zum Zaun zu gehen. Wir gingen frontal auf den Zaun zu. Wieder zeigte der Hund Aufregung - aber nicht lange. Hört sich langweilig an? Ja. Aber: Der Schäferhund sollte bloß lernen, umzudenken. Er sollte begreifen, dass seine Kollegen keine Gefahr mehr bedeuteten und dass er nicht mehr gemobbt wurde.

Von keinem.

Ich wagte es und ging einen Schritt weiter. Bislang wurde er ja in der Mitte fixiert. Ich wollte ihn anfassen. Also bewegten wir uns in Richtung Eingang. Dort ließ ich vier Leinen anbringen, um vor Angriffen geschützt zu sein. An einem langen Stab befestigte ich einen Handschuh. Doch statt mich anzugreifen, versuchte dieser riesige Hund tatsächlich zu fliehen! Das muss man sich mal bildlich vorstellen ... Also hatte sein erster Besitzer keine Freundlichkeit walten lassen. Bei Berührungen wand er sich weg. Ich ließ jetzt locker. Und begann von vorne. Immer wieder berührte ich ihn sanft mit dem Handschuh. Nach ungefähr 30 Minuten wurde er sichtlich ruhiger. Ein Hund kann nur eines; flüchten, sich ergeben oder angreifen. Beim Fluchtversuch sind die Muskeln verspannt, ein Denken ist nicht mehr möglich. Der Hund ist blockiert. Hunde griff er an, vor Menschen wollte er flüchten. Immer wieder aufs Neue, Woche für Woche agierte ich so wie geschildert. Sollte er zugänglicher werden, würde es mir seine Körpersprache verraten.

Er entspannte langsam, wich weniger aus. Die gesamte Aktion wurde anschließend mit Hunden erneut erarbeitet. Klar, hinter dem Zaun. Der Besitzer bekam von Beginn des Trainings gleich den selben Auftrag, sofort nach Hause zu fahren und den Hund zu ignorieren. So sollte er die Arbeit nochmal gedanklich durchleben und ungestört verarbeiten können. Nach vielen, vielen Wochen versuchte ich, wie zu Beginn des Trainings, mit Schleppleine am Zaun entlang zu gehen. Diesmal waren draußen erstmal Hündinnen, dann kleine Hunde, dazu später Welpen. Nach ein paar Wochen auch kleine und große Rüden. Niemand hätte geglaubt, dass ich überhaupt irgendwas erreichen könnte. Aber dieser Hund hatte einen wahrhaftigen Wandel durchlaufen. Inzwischen waren 5 Monate ins Land gegangen. Zum Glück arbeitet meine Freundin ebenfalls als Trainerin und hat mir in dieser Zeit die Arbeit mit den anderen Hundeführern abgenommen, damit ich ausreichend Zeit für den Deutschen Schäferhund hatte. Sie nahm auch am Training teil. Als ich an einem Wochenende angefahren kam und den Deutschen Schäferhund suchte, sagte jemand, „da hinten in der Freilaufgruppe ist er.“ Sie hatte den nächsten Schritte gewagt und tatsächlich: Er war sozialisiert. Die Auflage Leine und Maulkorb blieb, doch er durfte leben und sein Zuhause war ein großes Gelände.

Verständnis für den Hund ist das A und O. Mit Distanztraining und viel Geduld können Hunde resozialisiert werden. Die Frage ist, auf welchem Weg? Oftmals ist es ein weiter und auch schwerer Weg, aber er ist definitiv vorhanden.

„Ich glaube fest daran – es gibt immer eine Chance!“

10

Akita auf der Flucht

wie Mensch und Hund gemeinsam sicher werden

Dieser Akita hatte Angst davor, spazieren zu gehen.
Bei jedem neuen Geräusch fror sie ein und wollte direkt nach Hause.

10

Akita auf der Flucht

wie Mensch und Hund gemeinsam sicher werden

Es war 2021, Herbst. Einer meiner Hundeführer hat einen ganz lieben Boxer. Er erzählte von einer bizarren Begegnung: „Mein Nachbar hat neulich einen Hund bekommen. Einen wunderschönen Akita. Wenn Abbi den sieht, will sie sofort mit ihm spielen. Aber der Nachbar hat Panik. Letztes Mal, als Abbi den neuen Hund sah, nahm der Nachbar seinen Mantel und schmiss ihn über seinen Hund und sich selbst. Da lagen sie. Beide am Boden.“ - Ich wusste nicht ganz zu reagieren. Sollte das ein schlechter Scherz sein? „Ist das dein Ernst?“, fragte ich. „Nein, weißt du was – Lade ihn ein, gib ihm meine Telefonnummer.“ Tatsächlich dauerte es ein paar Wochen, bis mich die Besitzerin abends anrief. Um ehrlich zu sein dachte ich, sie würde sich nicht mehr melden. Aber sie schilderte mir das Problem. Ihr Akita sei so panisch und verängstigt, dass sie ihn Gassi tragen müssen, weil er sonst nur starr im Freien stehen bleibe und vor jedem Geräusch in Panik verfiele. Sie bat mich um Hilfe.

Also lud ich den Akita auf unser Grundstück ein. Er steige aber nicht ins Auto und er gehe auch nicht aus dem Haus heraus. Er könne auch nicht aus dem Auto aussteigen. Ich sagte: „Nehmen Sie einen Teppich, nicht lang fackeln, einfach über den Hund, rein ins Auto, Tür zu und zu mir fahren. Ich bekomme ihn schon raus. Entscheidend ist, dass er das freiwillig tut.“ Als ich die Hecktür langsam öffnete und mich ihm mit Futter vorstellen wollte, geschah es schneller, als ich mich versehen konnte. Zack. Die Hündin sprang raus und war fast weg. Zum Glück hatte die Besitzerin mitgedacht und sie an eine 20m Leine angeleint.

Da ausgerechnet gerade ein Fahrrad kam, rannte sie in den Acker, Besitzer an der Leine hinterher. Das Wort Panik kam den Gebärden des Hundes nicht nach. Ein Wildpferd. Zu dritt schafften wir es dann, den Akita ins umzäunte Gelände zu bekommen. Dort sollte er sich erstmal beruhigen. Kaum waren wir drinnen, stand sie ruhig da und bestaunte das Rudel, welches sie begrüßen wollte. Wir waren aber von einem Zwischenzaun getrennt. Die Besitzer erklärten, mit Hunden habe sie kein Problem, aber bei Menschen raste sie komplett aus. Sie wolle sofort die Flucht ergreifen. Angesichts des Interesses an ihren flauschigen Kollegen beschloss ich, mit ihr rein zu gehen. Ich sagte: „Gehen Sie beide zu meinen Hundeführern und bitten sie, kurz nicht zu sprechen.“ Ja, ich wollte sehen, wie weit die Hündin ging. Und dann begann diese mit dem Rudel zu spielen. Komplett offen. Wie ausgewechselt. Wirklich unglaublich. Die Hündin rannte mit den neuen Kollegen zu den Hundeführern, mitten durch, drumherum, unbeschwert, als hätte sie kein Problem. Die Besitzer standen bloß da und staunten. Sie verstanden die Welt nicht mehr. Also kamen die Gespräche ins Rollen. Die Gespräche, um diese seltsame Verwandlung zu erkunden.

Rückblick: Eine Akita-Züchterin kaufte eine neue Hündin für ihre Zucht. Doch leider traf sie eine fragwürdige Entscheidung. Die Hündin kam nämlich aus Ungarn, Zwingerhaltung, keine Sozialisierung. Nach der Ankunft musste die Züchterin realisieren, dass die Hündin für ihr Vorhaben nicht geeignet war. Denn eine Hündin, die beispielsweise aggressiv, verängstigt oder misshandelt ist, überträgt das auch auf ihre Welpen. Die Besitzer der verängstigten Akita-Dame, die um Hilfe baten, wollten sich damals einen Welpen kaufen. Da sahen sie die circa sieben Monate alte Hündin, verliebten sich in sie und kauften diese. Und so ging es bereits am ersten Abend, beim ersten Spaziergang los. Sie kamen an einem Spielplatz mit Kindern vorbei. Daraufhin erschrak die Akita-Dame so sehr, dass sie aus ihrem Geschirr rutschte und weg war sie. Naja, sie wurde aber wiedergefunden. Doch nun war sie blockiert. Die neuen Besitzer mussten sie regelrecht hinter sich herziehen. Bei allem, was nur ansatzweise neu war, blockierte sie sofort und fror ein. Überall und bei allem.

Das war genug Gespräch. Das, was ich erfahren hatte, reichte völlig aus. Meine Antwort war: „Stellt euch vor, im Zwinger geboren, neutrale Kontakte zu Menschen, von Menschen per Auto von Ungarn nach Deutschland zu einer fremden Frau geliefert werden. Auch dort gibt es keine große Annäherung, dann geht es erneut zu zwei neuen Leuten. Und direkt beim ersten Spaziergang merkt der Hund, er scheint hier wieder nicht sicher. Durch das Erlebte seid ihr leider keine Hilfe, kein Schutz und keine Sicherheit für den Akita.“ Ihre kleine Seele war total aus den Fugen geraten. Sie konnte nur fliehen. Aber das geht an der Leine ja nicht. Und wie geht man damit um? Ich höre nichts, ich sehe nichts - dann passiert mir nichts. „Wenn ihr sie in dem Moment noch tröstet, bedauert, anfasst, ist alles nicht mehr zu ertragen. Was ist also eure Aufgabe?

Nicht anfassen, nicht ansprechen. Bleibt sie stehen, spannt die Leine leicht an, nur bis sie ein bis zwei Schritte macht. Sobald sie losgeht, muss die Leine sofort locker gehalten werden. Und das immer wieder. Auf diese Weise soll sie aus der Blockade geholt und zum Gehen animiert werden. Es ist wichtig, vorerst nur kurze Runden zu machen und auch immer wieder neue Richtungen zu wählen. Auf kurzen Wegen arbeiten. Merkt ihr, dass sie nicht auch nur einen Schritt weitergehen möchte, dann heißt es sofort umdrehen, zurückgehen und von vorne Strecken erarbeiten. Wichtig ist zudem, kein Futter zu geben. Warum? Der Akita soll angeregt und geleitet werden, Neues zu lernen, und nicht einfach mit Futter bestochen werden. Haltet im Hinterkopf, dass sie eigentlich wie ein erschreckter acht Wochen alter Welpe in einem jetzt circa ein Jahr alten Hunde Körper ist. Es ist auch förderlich, wenn Abbi, die Boxerhündin von nebenan, mitgeht, denn sie kann helfen und vermitteln."
Nach dieser Anleitung wurde also gearbeitet und bereits nach einer Woche konnte ich einige große Erfolge beobachten. Man glaubt es kaum, aber das Wochenende danach konnte die Akita-Dame es nicht erwarten, auf die Wiese zu laufen. Ohne Panik, vom Auto bis zur Wiese. Eins ist klar - Sie wird nie ganz frei von ihren Ängsten sein. Doch durch die Veränderung von Herrchen und Frauchen hat sie nun Sicherheit und Schutz. Diese wissen jetzt, wie sie sich in welchen Situationen zu verhalten haben. Natürlich gibt es kein „auf den Hund werfen" mehr. Wie man sieht, braucht es manchmal so wenig, um so viel zu erreichen. Doch ist es nur möglich, wenn man die Hundesprache gelernt hat und jegliche Situationen einschätzen kann. Es kann oft ganz anders sein, als es auf uns Menschen wirkt.
Mittlerweile waren vier Wochen vergangen. Die Akita-Hündin, man glaubt es kaum, ließ sich anfassen, schmiss sich auf den Rücken, war total entspannt. Sie meidete keine Menschen mehr. Die Spaziergänge wurden

länger. Die Aufnahme von Neuem gelang immer mehr und immer schneller. Das Wissen, welches ich vermittelte, hatte den Besitzern die Angst genommen. Ein solches Problemverhalten ist belastend und lässt verzweifeln. Nicht zu wissen, wie es zu verändern ist, belastet die Beziehung zwischen Halter und Hund zusätzlich, denn es kann nicht mit „Sitz" und „Platz" und „Hier" verändert werden. Letztendlich muss tief geforscht und gefragt werden und man muss Antworten auf Fragen geben, die nicht gestellt werden. Und diese Fragen findet man oft zwischen den Zeilen.

Manchmal kann man mit Hilfe von Futter viel erreichen. Ist der Wunsch aber, dass der Hund ein komplexes Gefühl von innen heraus begreift, dann setzt man besser auf den Faktor Zeit. In mehreren kleinen Schritten hat der Hund so die Möglichkeit, nachzudenken.

„Er entwickelt so neue Wege und neue Fähigkeiten."

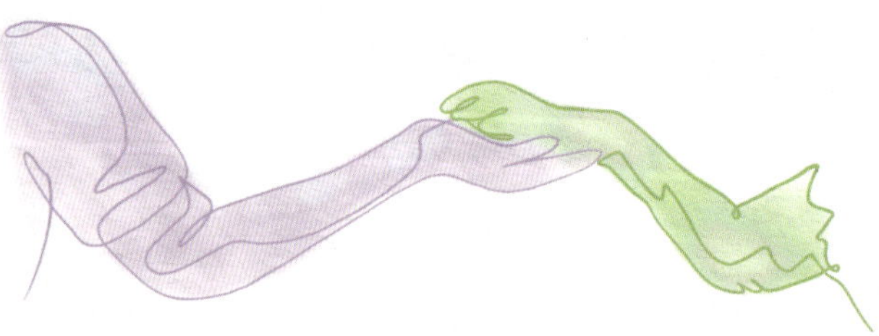

II

Sheila, die Ungezähmte

wie Arbeit glücklich machen kann

Sheila war ein Balljunkie.

Nimmermüde, nicht zu bremsen, lief sie mit dem Ball direkt ins Frauchen rein.

11

Sheila, die Ungezähmte

wie Arbeit glücklich machen kann

Ja, es war auch mal so weit ... Ich brauchte eine Brille und ging zum Optiker. Zur Untersuchung wurde ich in den Nebenraum gebeten. Da lief mir ein großer Hund entgegen. „Sie brauchen keine Angst zu haben, die tut nichts, sie ist nur ungestüm“, erklärte mir die junge Dame. Ich sagte: „Ich habe keine Angst, ich bin Hundetrainer.“ - „Oh oh“, entgegnete mir die junge Frau, „ich hätte dann vielleicht ein paar Fragen.“ Ich nickte. Es handelte sich um einen Mix aus Thai Ridgeback, Malinois und Australian Kelpie. „Wow, eine tolle Mischung“, sagte ich, „so Richtung Rennwagen?“ - „Oh ja, normales Gehen ist mit ihr nicht möglich. Sie zieht. Dreht sich im Kreis. Beim Spielen kommt sie blitzschnell auf mich zu und rennt mir direkt in den Bauch.“ Ich fragte: „Hätten Sie Lust, sie mal bei mir rennen zu lassen?“ Große Augen. Mit dieser Reaktion hatte sie wohl nicht gerechnet. Also gut, gesagt, getan. Beziehungsweise versucht. Doch Sheila hatte keine Lust. Für sie gab es nur Ballspielen, Apportieren, mitten in der Hundegruppe. Und dann, rein in den Bauch von Frauchen. Sheila war so auf Arbeiten aus, dass sie die Umwelt vergaß. Das konnte man ihr ansehen.

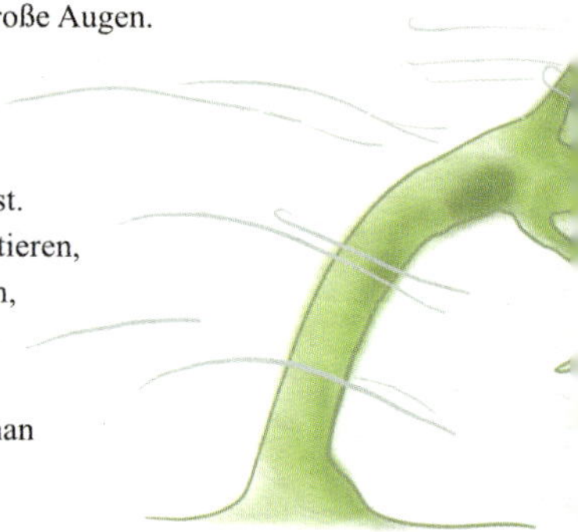

Ich hatte eine Idee. Ich stellte mich hinter Frauchen, nahm Klapperdosen in die Hand. Der Ball wurde geworfen und Sheila raste zurück. Kurz vor ihrer Halterin knallte ich die Dosen auf den Boden. Sheila bremste. Nach ein paar Wiederholungen hatte sie begriffen, dass sie erst abbremsen musste, und anschließend den Ball abgeben sollte. So. Frauchen bekam die Dose. Doch Gassigehen war noch immer eine Vollkatastrophe. Zugegeben lag das auch an Sheilas Herkunft. In ihr vereinigte sich eine Kreuzung von Hunden, die extrem gute Arbeiter sind oder anders gesagt, die zum Arbeiten geboren sind. Arbeiten ist ihr Leben. Ich machte den Vorschlag, eine Kopfarbeit für Sheila zu suchen. Also kamen wir auf das Mantrailing. Sheila hatte den Schutztrieb des Malinois, den Arbeitseifer von bis zu 12 Stunden des Kelpies, und die Jagdfreude des Thai Ridgebacks. Das bedeutet eine geballte Arbeitseinstellung. Mantrailing war für Sheila die Lösung. Nach dem Einarbeiten kam Ruhe in die Spannung des Körpers. Ruhe kehrte aber vor allem in ihrem Kopf ein.

Nun war ein neues ausgeglichenes Leben für alle möglich. Das bloße Arbeiten auf dem Hundeplatz hätte das nicht zum Ziel gebracht. Solche Erkenntnis einer einfachen Lösung, aber viel Arbeit, ist mir eine große Belohnung. Das ist der Grund dafür, zu tun, was ich tue.

Sigmund Freud, der Gründer der Psychotherapie, wurde einmal gefragt, was ein Mensch zum Glücklichsein braucht. Er sagte: „Liebe und Arbeit“. Das Gleiche gilt für Hunde. Manche brauchen mehr Beschäftigung, andere weniger. Aber ein Hund, der zum Arbeiten gezüchtet wurde, braucht es unbedingt.

„Nur wenn er das ausleben darf und ausgelastet ist, kann er sich entspannen. Ansonsten? Drohen Verhaltensprobleme.“

12
Nando, der Überlebende
wie ein Hund einen Unfall überwindet

Nando hatte ein Trauma. Er wurde von einem Zug überfahren und hat überlebt.
Die Probleme fingen jetzt erst an.

12
Nando, der Überlebende
wie ein Hund einen Unfall überwindet

Ein kleiner Bassett Mix hatte sich losgerissen, aus Angst. Plötzlich rannte er auf die Bahngleise. Ein Zug fuhr über ihn hinweg. Keiner konnte glauben, dass dieser kleine Hund überlebte. Mit riesen Prellungen und großen Schmerzen wurde er in die Klinik gebracht. Weitere Verletzungen gab es aber nicht. Wie durch ein Wunder. Der Schock hatte ihm das Leben gerettet. Doch ab diesem Tag lebte er nicht mehr. Nando existierte nur noch. Jede Berührung, jede Bewegung versetzte ihn in eine Art Starre und das, obwohl alles abgeheilt war. Was tat ich also? Ich setzte das kleine Bündel Leben in die Welpengruppe. Die Jungen sollten Nando in die Gegenwart zurückholen. Man mag es nicht glauben, aber die können das besser als wir Menschen. Woche für Woche wurde sein Blick klarer. Die Besitzer dachten nicht, dass ich etwas ändern könnte. Ja, das stimmte auch. Ich konnte nichts ändern, doch die Welpen konnten es.
Nando war alt, umso mehr Geduld brauchte es, bis er seinen Körper wieder fühlen und wahrnehmen konnte. Als er langsam wacher erschien, war mein Ziel, ihm erneut das

Gehen beizubringen und ihm die Angst zu nehmen. Anfassen war für ihn immer noch nicht gut. So legte ich Stangen und Reifen aus. Rechts und links grenzte ich es ab. Die Besitzerin sollte ihn rufen. Er begann, sachte über die am Boden liegenden Stangen zu laufen. Danach um die Reifen. Ziel war, dass er dadurch seinen Körper und seine Muskeln bewegen muss, um zu spüren, dass kein Schmerz mehr da war. Nun spannte ich Gummibänder, so bekam Nando wieder ein Gefühl für die Hinterbeine. Zuerst wollte er nicht über die wackelnden Bänder gehen. Mit etwas Hilfe und an der Leine gelang es schließlich doch. Das war Arbeit für den Kopf. Er begann, seinen Körper nochmal richtig zu fühlen, Spazierengehen war auch endlich wieder möglich. An Nandos Geschichte erkennt man deutlich:

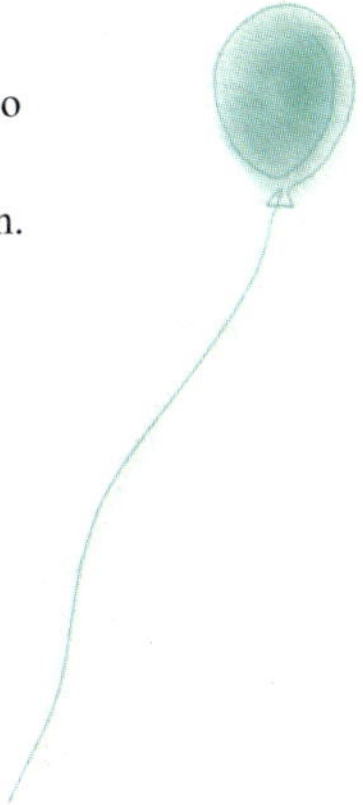

Alles braucht seine Zeit.

Hatte der Hund einen Unfall? Hat er sich erschrocken? Oder Schmerzen erlitten? Diese Erfahrungen können so tief sitzen, dass sich eine dauerhafte Schonhaltung entwickelt. Um diesen körperlichen Schock zu überwinden, empfiehlt sich Körperarbeit. Mit Körperübungen kann dem Hund vorsichtig bewusst gemacht werden, dass die Bewegung okay ist und keinen Schmerz auslöst.

„So kann er mit dem Trauma umgehen und langsam wieder ins Leben finden."

13

Jenny, die Missverstandene

wenn Mitleid einem Hund jeglichen Mut nimmt

Jenny ist ein Staffordshire-Terrier. Der Vorbesitzer drückte Zigaretten auf ihrem Kopf aus. Durch Mitleid wurde es schlimmer. Was ihr half.

13

Jenny, die Missverstandene

wenn Mitleid einem Hund jeglichen Mut nimmt

Ob ich ihren neuen Hund, einen Staffordshire Terrier, anschauen kann, fragte mich eine Frau. Die Hündin sei abweisend und bei Berührungen reagiere sie aggressiv. Okay. Ich wollte vorerst keine weiteren Informationen. So kamen sie zu mir. Schleppleine dran und ich bat die Halterin, zurück zu bleiben. Ich wollte sehen, was die kleine Jenny macht und wie genau sie reagierte. Also ging ich los, Jenny folgte mir an langer Leine, aber mit großem Abstand. Ich blieb kurz stehen, kümmerte mich aber nicht um sie. Langsam kam sie näher. Ich ging in die Hocke, und Jenny wich zurück. Das war das Zeichen für mich, weiterzugehen. Wieder in die Hocke. Diesmal kam Jenny näher und wartete ab. Ich streckte die Hand aus, und siehe da! Ich durfte ihre Brust berühren. Dann ging ich erneut weiter. Beim nächsten Mal nahm Jenny von alleine Kontakt auf. Ein kleiner Erfolg.

Als ich nun versuchte, ihren Kopf zu berühren, wich sie ruckartig zurück. Sie wartete mit Abstand, kam dann aber wieder her. Von Nahem konnte ich die Narben auf ihrer Nase erkennen. Ich ging zurück zu der Frau. Diese stand da ganz starr vor Entsetzen. „Normalerweise greift sie an“, meinte sie. Ich antwortete, „der Hund wurde geschlagen, misshandelt.“ Die Frau nickte bedrückt und sagte: „Der Vorbesitzer hat Zigaretten auf ihrem Kopf ausgedrückt. Wir haben sie bemuttert, gepflegt, die Arme.“ Durch die liebgemeinte Bemutterung hatte Jenny somit keinen Führer, kein Vertrauen, keinen Anschluss. Dies erklärte ich auch der Halterin. Jenny braucht jemanden, der sie durchs Leben begleitet, der sie führt. Das heißt im Umkehrschluss, von Trösten und Bedauern braucht sie weniger. Ab sofort benötigt sie Stabilität, Sensibilität, und Führung. Somit kommt das Vertrauen. Jede Berührung, wie Kuscheln, Streicheln, Hochheben, Herrufen sind zu vermeiden. Sie muss erstmal lernen, den Kontakt herzustellen. Nicht nur Jenny brauchte das Training, sondern vorallem das Frauchen. Am Ende bekamen beide durch das Training mehr Sicherheit. Und die kleine Jenny gewann langsam an Vertrauen.

Es gibt einen Unterschied zwischen Mitleid und Mitgefühl. Vielen Menschen bricht schier das Herz, wenn sie einen traumatisierten Hund vor sich haben. Sie leiden mit ihm und zeigen ihm das auch. Doch genau das tut dem Vierbeiner nicht gut, es konserviert sein Leid.

„Ein traumatisierter Hund braucht weniger Bemitleidung und viel mehr Stabilität. Durch eine sensible, stabile Führung schafft man neues Vertrauen.“

Die Mitleidsfalle

Es gibt einen Unterschied zwischen Mitleid und Mitgefühl. Der ist entscheidend.

Mitgefühl bedeutet, dass wir uns in den Hund einfühlen und ihn „lesen“ lernen. Wir glauben zu wissen, was er gerade fühlt, weil wir seine Körpersprache lesen und die zugrundeliegenden Emotionen korrekt interpretieren können. Reagiert er ängstlich, wie jeder dritte Hund es tut? Dann können wir es zur Kenntnis nehmen und ihn durch die Angst begleiten.

Mitleid geht einen Schritt weiter. Zu weit. Wenn wir selber leiden, entwickeln wir eigene Gefühle von Ohnmacht und Hilflosigkeit. Unser Hund liest diese Gefühle in uns. Statt eines souveränen und sicherheitsbietenden Rückhalts sind wir für ihn in dem Moment unruhig und schwach. Wir sollten ihm aber Ruhe geben. Deshalb kann sich ein guter Hundetrainer Mitleid nicht leisten. Es verstärkt in dem Hund nämlich die falschen Gefühle.

Setzen Sie Ihren Kopf ein und bekommen Sie Ihre Gefühle in den Griff, wenn Sie Ihrem Hund wirklich helfen wollen.

14

Henry, der weiße Riese

das kleinste Kind zeigte, wie Führung geht

Manchmal denken Menschen zu viel. Führung bedeutet einfach, dass man keinen Gedanken daran verschwendet, dass der Hund etwas verweigert.

14

Henry, der weiße Riese

das kleinste Kind zeigte, wie Führung geht

Es war an der Zeit: Mit der neuen Welpen- und Junghundegruppe ging ich in den Straßenverkehr, und an der Post vorbei. Die Kleinen sollten die drei Treppen hochgehen und seitlich wieder herunter. Alle haben das geschafft. Außer einem Kuvasz, der wollte nicht. Frauchen lockte, Herrchen versuchte es. Nichts. Ich nahm seine Leine und gab sie einem Vierjährigen in die Hand. Alle schauten mich verdutzt an. „Geh mal mit Henry die Treppe hoch“, sagte ich zu ihm. Und beide gingen hoch und wieder runter und das gleich nochmal. Keiner verstand es. Ich wusste nicht, dass es der jüngste Sohn war. Ich meinte bloß, „nehmt euch ein Beispiel. Nicht nachdenken, handeln. Nicht probieren, sondern tun. Ein junger Hund folgt seiner Mutter. Die fragt nicht nach.

Ihr müsst Führer werden, nicht Kumpel.“

Nicht so viel denken, einfach machen. Manchmal machen wir Menschen es uns zu kompliziert und erschaffen so Probleme, die gar keine sind. Und das wirkt sich ebenfalls auf die Beziehung zum Hund aus. Wir brauchen den Mut zur Führung. Und dann stellt sich die Frage: Kann man gleichzeitig führen und beliebt sein? Schließlich müssen wir ab und an auch unpopuläre Entscheidungen treffen. Wie zum Beispiel die, eine Treppe hoch- und runterzugehen.

„Relevant zu wissen ist Folgendes: Hunde mögen Menschen, die innere Stärke und Abgeklärtheit ausstrahlen. Trauen wir uns zu führen, wird unser Vierbeiner uns später umso treuer folgen."

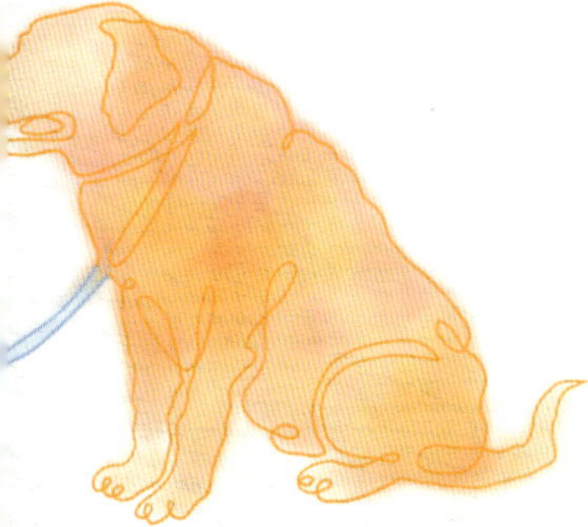

Auf dem Spaziergang belästigt?

Was kann man tun, wenn einen ein freilaufender Hund unseren Hund angreift?

1. Die Körpersprache einsetzen: Man baut sich groß auf.

2. Laut werden: Die meisten Hunde kennen das Kommando AUS und es bringt viel, dieses mit lauter Stimme zu rufen.

3. Eine Handvoll Futter hat schon viele Situationen entschärft. Man wirft dem heraneilenden Hund eine Handvoll Futter über den Kopf entgegen. So, dass er sich umdrehen muss, um die Bröckchen aufzusammeln.

4. In der Zwischenzeit gehen wir ruhig weiter.

5. Und wenn Sie gebissen werden? Niemals dem Impuls nachgeben, den Arm herauszuziehen. Schieben Sie ihn tief ins Maul. Das löst einen Würgereflex aus, der Hund öffnet das Maul und gibt aus.

15

Balou, der Raufer

wie ein Border Collie endlich Freunde findet

Erst wurde Balou gemobbt, dann mobbte er andere.
Als er Freunde fand, wurde er glücklich.

15
Balou der Raufer
wie ein Border Collie endlich Freunde findet

Das Telefon klingelte und ich erhielt den Hilferuf einer Freundin. „Mein Nachbar hat einen Border Collie. Er war mit ihm in der Welpengruppe und da wurde er gejagt und gemobbt. Er wechselte die Hundeschule, aber Balou wollte einfach nicht mehr zu den anderen Welpen und versteckte sich.“ Also wechselte der Besitzer wieder und nun ist Balou sechs Monate alt. Ein Trainer für Border kam und begutachtete ihn. Er behauptete, er sei aggressiv. Kein Witz. Von dort an mied Dirk jede Begegnung mit Artgenossen. Diese wurden bald unmöglich, je mehr Balou heranwuchs.

Die einzige plausible Lösung für den Besitzer: Ausweichen. Mittlerweile war er jetzt drei Jahre alt. „Bring die beiden mit“, sagte ich. Und so sollte es geschehen. Ich sah die beiden von weitem. Nein, ich hörte Balou. Er schrie regelrecht, denn er hörte ja unsere Hunde. Na ja, ein Training auf dem Hundeplatz schien mir nicht möglich und auch nicht vielversprechend. Also wählte ich einen anderen Weg. Ich bat den Besitzer, weit vom Gelände entfernt auf mich zu warten. Ich ging auf Balou zu, er stand auf den Hinterbeinen. Ich übernahm ihn alleine, ohne Herrchen, an kurzer Halsleine. Halsband und Geschirr hatte er an und genauso nahm ich ihn mit zur Gruppe. Der Raufer war kaum zu bändigen. Ich kann von Glück reden, dass er nicht sehr stark war. Nun stand er wütend bellend auf den Hinterbeinen. Ich hielt ihn kurz, und ignorierte ihn. Dann geschah es endlich: In der vierten Übungsstunde kam er zur Ruhe. Ich nahm sein Herrchen dazu und stellte ihn daneben. Wochenende für Wochenende. Die Mitarbeit im Training gestaltete sich gut. Aber Freilauf war noch nicht möglich. Schließlich hatte ich eine neue Welpengruppe und der wilde Balou freundete sich tatsächlich mit den anderen an. Die waren ja letztlich in der Rangordnung unter ihm. Und ja, es gelang mir, ihn dort zu integrieren. Ein riesen Schritt für Balou: Er nahm zum ersten Mal am Spiel teil. In dieser Gruppe gewann er an Sicherheit, während die Welpen neben ihm älter wurden. Nach und nach war es auch möglich, Balou mit der Restgruppe zusammen zu lassen. Balou ist inzwischen alt geworden. Er hatte keine Probleme mehr beim Spazierengehen. Und es kommt noch besser: Er konnte abgeleint werden und war sogar jederzeit abrufbar. Balous Vergangenheit ist leider kein Einzelfall. Falsche und unwissende Trainer haben aus einem Welpen ein kleines Monster gemacht. Ein Hund, der explodierte vor Angst und Panik beim Anblick seinesgleichen. Das sind vermeidbare Fehler.

Spielen mit Kleineren kann Hunden helfen, die in ihrer sozialen Entwicklung noch zurückliegen und einige Dinge in der Vergangenheit nicht lernen konnten. Im Umgang mit ihnen holen sie wichtige Erfahrungen nach und entwickeln so ein artgerechtes Sozialverhalten.

„Lernen? Können Hunde nämlich ein Leben lang.“

„Alles braucht seine Zeit."

CRIS BILINSKI

Eine Auswahl aus unserem Programm

Im Minerva Verlag sind außerdem erschienen:

Ratgeber Welpen

Mit diesem Buch werden Sie und Ihr Welpe zum Dream-Team!

Wer möchte ihn nicht, diesen angenehmen, freundlichen Hund, der auch ohne Leine stets in unserer Nähe bleibt, den Blickkontakt sucht, sich im Büro geduldig auf seine Decke legt oder entspannt im Restaurant unter dem Tisch ein Nickerchen macht? Wir wollen, dass Sie mit Ihrem Hund die beste Zeit Ihres Lebens haben. Glauben Sie uns, Welpen zu erziehen ist ganz leicht. Es gibt einige wenige Faktoren, die für das Gelingen sorgen. Einige sind allgemein bekannt, andere nicht. Und oft wird zu Dingen geraten, die die Beziehung schädigen und die man besser vermeidet.

Wir helfen Ihnen herauszufinden, welcher Hund zu Ihnen passt, was er lernen soll und wie Sie es ihm positiv vermitteln. Wie Sie ihn gesund ernähren, ihn richtig pflegen und in einem Notfall sein Leben retten können. Und wir erklären Ihnen, welche Eigenschaften jeder Hund an einem Menschen bewundert. Denn auch Sie müssen lernen, ein guter „Hundemensch" zu werden. Das wird leider oft vergessen.

Softcover, 132 Seiten. Farbig mit Bildern.
ISBN 978-3-9815634-5-0
15,80 €

Im Schatten der Gefahr

Seine Hunde haben einen der gefährlichsten Jobs auf der Welt ...

Wie die Deutsche Schäferhündin Bags – sie spürt mit unglaublicher Präzision Bodenminen in Bosnien-Herzegowina auf. Während ein Mensch mit Sonde und Suchnadel gerade einmal 10 Quadratmeter täglich schafft, sucht Bags bis zu 1000 Quadratmeter am Tag ab. Ausgebildet wurden Bags und ihre tierischen Kollegen auf vier Pfoten im Trainingszentrum von Martin Weitkamp, Deutschlands einziger Ausbildungsstätte für Minensuchhunde. Von dort aus reisen sie in die Krisenregionen der Welt, wo sie von der US-Army, den British Forces und der UN eingesetzt werden. Martin Weitkamp nimmt uns mit, auf seine Reisen nach Angola, Sri Lanka, Namibia, Kenia, Kosovo.

„Vertrau deinem Hund", ist sein Leitsatz. „Er riecht besser, er hört besser – also vertrau ihm!" In diesem Buch erinnert er sich an seine ganz besonderen Hunde, die Einsätze und auch an die Hürden, die er mit ihnen bei der Ausbildung meistern musste. Humorvoll erklärt er nebenbei die Grundsätze für eine erfolgreiche Ausbildung. Egal ob Anfänger oder Profi, Chihuahua- oder Doggenhalter: hier ist für jeden ein AHA-Effekt dabei. Dieses Buch ist von einem erfahrenen Praktiker geschrieben, der seinen Beruf mit ganzem Herzen ausübt.

Ein MUSS für jeden, der sich auch nur ansatzweise mit Hundeausbildung beschäftigt.

Hardcover, 128 Seiten, s/w
ISBN: 978-3-9815634-2-9
16,90 €

B.A.R.F.-Bibel

Ein medizinischer Ratgeber

Schluss mit den Halbwahrheiten! Auf dem Markt sind viele Bücher zum Thema BARFen erhältlich, die von begeisterten Laien geschrieben wurden.

Dies ist eines der ersten Bücher auf dem Markt, das das Thema BARFen ausschließlich auf der Basis von gesicherten veterinärmedizinischen Kenntnissen erklärt. So wird eine größtmögliche Sicherheit geboten, den Hund optimal zu ernähren.

„B.A.R.F." steht für eine Ernährungsweise, die zum Ziel hat, Hunde ausschließlich mit frischen und rohen Lebensmitteln zu ernähren. Die Zahl der Hundebesitzer, die diesem Konzept folgen, wächst rasant. Doch es ist keineswegs einfach, den Hund bedarfsgerecht zu ernähren. Studien haben gezeigt, dass 75 % aller selbst zusammengestellten B.A.R.F.-Rationen unausgewogen sind.

Veterinärmedizinerin Dr. med. vet. Katja Sauer gibt mit diesem Buch nun endlich eine medizinisch fundierte Anleitung zur Berechnung der Rationen. Ziel dieses Ratgebers ist es, Schluss mit gefährlichem Halbwissen zu machen und dafür wissenschaftlich gesicherte Informationen zu liefern. Hierbei gibt die Autorin auch konkrete Fütterungspläne zum BARFen von jungen Hunden, Senioren und chronisch kranken Hunden.

Mit vielen farbigen Abbildungen, Tabellen, Ernährungsplänen und Literaturtipps.
2. aktualisierte und erweiterte Auflage.
Softcover, 92 Seiten,
Gewicht: 285 Gramm
ISBN: 978-3-9815634-1-2
Autorin: Dr. med. vet. Katja Sauer
14,80 €

Hunde tapen

Das Arbeitsbuch
von Alina Nierhaus

12 verschiedene Anlagen - 12 verschiedene Ziele.

Den eigenen Hund therapieren? Behandlungen unterstützen? Sogar Schmerzen nehmen? Hier ist die Lösung: kinesiologische Tapes. Bei Krankheiten des Bewegungsapparates kann jeder mit dem richtigen Taping kräftig zur Heilung beitragen. Taping ist eine einfache und sichere Methode, die jeder Hundemensch zu Hause durchführen kann. Das vielfältige Einsatzgebiet spricht für sich.

Heute wenden 80% der Physiotherapiepraxen Medical-Taping an. Aufgrund ihrer einfachen Handhabung und ihrer herausragenden Wirkung sind Tapes bei Menschen und Hunden sehr beliebt. Die Nachfrage nach Kursen steigt. Erfahren Sie jetzt, wie Sie Ihrem Vierbeiner im Alltag selbst helfen können.

Softcover, 44 Seiten, Farbig mit Bildern.
ISBN 978-3-9815634-8-1
9,80 €

Eine Auswahl aus unserem Programm

Magazine im Minerva Verlag

Wir möchten, dass jeder Mensch die bestmögliche Beziehung zu seinem Hund erreicht. Wir stehen an der Seite unserer LeserInnen, damit diese den Weg finden, der für sie und ihren Hund der Beste ist.

Seit über 100 Jahren begleitet die HundeWelt Hundehalter aller Erfahrungsstufen durch die aufregende - und anregende - Zeit mit Hund.

Das Magazin erscheint monatlich.

Infos + Abonnements: www.hunde-welt.de

Hundesport ist ein Weg mit ganz vielen und stets neuen Herausforderungen. Genau und gerade deshalb macht es Spaß, denn man muss ständig neue Lösungen und Wege finden. Die Zeiten des gebrüllten Kommandos und dann läuft es schon, sind lange vorbei. Besser man lernt von erfahrenen und bewährten Profis, die zeigen, wie man Herausforderungen meistert.

Alle 2 Monate neu.

Infos + Abonnements: www.hundewelt-sport.de

Viele Menschen glauben, dass eine Hundegeburt kein Problem ist. Deshalb reagieren sie kopflos und überfordert, wenn die Hündin in Not gerät und ihren Menschen am meisten braucht. Und das ist– je nach Rasse – bei jeder zweiten Geburt der Fall.

BreederSpecial - das Magazin für (Hobby-) Züchter hilft weiter.

Alle 2 Monate neu.

Infos + Abonnements: www.breederspecial.de

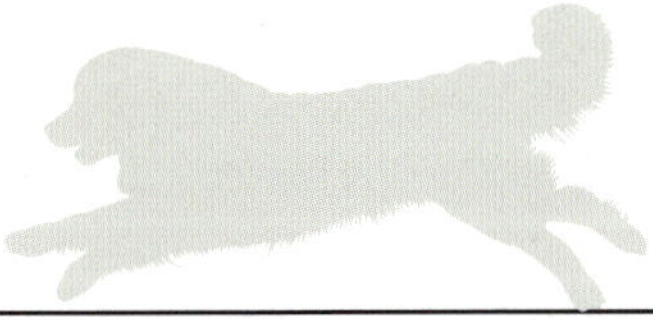

Auch erhältlich: Dog´s Avenue – das Premium–Magazin für die Frau mit Hund. Alle 2 Monate neu. Infos + Abonnements: www.dogs–avenue.com